MÉMOIRE

ADRESSÉ A LA

Société d'Agriculture, Sciences et Arts

DU DÉPARTEMENT DE LA MARNE,

Le 26 juillet 1845,

PAR

M. EM. HEMART, MAIRE DE MONTMORT.

Nisi utile est quod facimus, stulta est gloria.
Phèdre, liv. III.

EPERNAY, IMP. DE V. FIÉVET.

1845.

MÉMOIRE

ADRESSÉ A LA

Société d'Agriculture, Sciences et Arts

DU DÉPARTEMENT DE LA MARNE,

Le 26 juillet 1845.

PAR

M. EM. HEMART, MAIRE DE MONTMORT.

Nisi utile est quod facimus stulta est gloria.
Phèdre, liv. III.

EPERNAY, IMP. DE V. FIÉVET.

1845.

Châlons, le 24 août 1845.

Le Secrétaire de la Société d'Agriculture,

Commerce, Sciences et Arts du département de la Marne

MONSIEUR,

Dans sa séance d'hier, la Société a statué sur son premier concours.

Elle a placé en première ligne *les deux mémoires Nos 6 et 3, et a décerné le prix au mémoire No 6, et une mention honorable au mémoire No 3.*

Ouverture faite des billets cachetés, le No 6 portant pour épigraphe: La question chevaline est d'une importance toute nationale, *etc., s'est trouvé être de M. de Challemaison, et le no 3, ayant pour épigraphe:* Nisi utile est quod facimus stulta est gloria, *portait votre nom.*

La Société vous invite, Monsieur, à venir recevoir le certificat de cette mention des mains de M. le Préfet, dans sa séance du 3 septembre.

Recevez, Monsieur, l'assurance de la considération distinguée de votre tout dévoué serviteur.

Eug. PERRIER.

M. Emile HEMART, Maire à Montmort.

MÉMOIRE

SUR LA QUESTION SUIVANTE :

Quels seraient les moyens de parvenir à une prompte transformation du genre de chevaux que l'on élève dans le département de la Marne, et de produire, d'une part, les espèces que la France demande à l'étranger, et de l'autre, celles que les départements de l'est et certains États de l'Allemagne vont chercher dans les départements de l'ouest.

Introduction.

Le Mémoire que j'ai l'honneur d'adresser à la Société d'Agriculture de la Marne, est le fruit d'une expérience acquise dans le département.

Propriétaire à la Charmoye (commune de Montmort) d'une vaste habitation autrefois ancienne abbaye, je me suis livré, pendant dix ans, à l'élève du cheval d'une manière toute spéciale et toute consciencieuse. La question de l'amélioration de l'espèce dans le département et dans toute la France, a été fort longtemps discutée parce qu'elle a été incomprise : se rattachant aux divers points de vue de la politique et de l'agriculture, elle est souvent envisagée par des hommes qui ont le goût du cheval sans avoir les connaissances nécessaires pour le juger. L'habitude est de se croire toujours capable d'évaluer le mérite de cet animal, et il tombe sous le sens qu'il faut une théorie de l'hippiatrique assez étendue pour qu'il en soit ainsi.

C'est donc en élevant des chevaux que je me suis renseigné sur toutes les matières que je vais traiter. Les récompenses dont j'ai été l'objet m'ont prouvé que le comice agricole avait su apprécier mes efforts.

Ces encouragements obtenus me font penser que le sujet du concours proposé par la société ne m'est pas étranger.

PREMIÈRE PARTIE.

Situation actuelle de l'espèce chevaline dans le département de la Marne.

Pour examiner les moyens de parvenir à une prompte transformation de l'espèce chevaline dans le département de la Marne, il faut d'abord envisager la situation actuelle.

L'espèce de chevaux que renferme le département est variée, et n'a aucun rapport avec le cheval amélioré que veut obtenir l'administration des haras; un seul arrondissement, *Vitry*, pourrait peut-être fournir des poulinières qui seraient dignes d'être accouplées avec le pur sang.

Tête carrée et encolure courte.

Reins courts.

Muscles-fessiers bien descendus.

Bons sabots, mais extrémités communes.

Châlons et Sainte-Ménehould se trouvent à peu près dans les mêmes conditions que Vitry, mais il serait possible qu'on rencontrât encore moins de chevaux distingués dans ces deux arrondissements.

Rheims, ville riche et manufacturière, ne peut nécessairement pourvoir à ses besoins, dans son centre; forcée de recourir aux pays étrangers, autant pour son cheval de luxe que pour son cheval de gros trait, c'est à l'Allemagne et à la Belgique qu'elle demande sa consommation. Je ne parle pas des Ardennes, le cheval type ardennais n'existe plus, et se confond maintenant avec le cheval belge.

L'arrondissement qui paraît moins favorisé par la nature de son sol pour posséder une espèce, celui d'*Epernay*, a pourtant bien évidemment la sienne.

Race petite, commune, mais supportant la fatigue, la mauvaise nourriture, et accoutumée aux travaux les plus vils; le cheval de bât, enfin, qui sert aux vignerons, offre bien souvent des signes caractéristiques du cheval oriental. Ainsi la plupart du temps il a fort peu de crins aux jambes, la tête fine et courte, l'œil sorti, sécheresse de membres, un beau garrot, etc.

Le canton de *Montmirail*, essentiellement agricole, possède d'assez bons chevaux de culture, mais qu'il tire d'ailleurs des marchés des environs de Paris, comme celui de *Sézanne*.

En considérant les qualités du cheval dégénéré, dégénération entretenue et créée par un régime particulier, on ne sera plus étonné si cette altération de constitution toujours augmentée, de génération en génération, par le même régime, ne fasse passer les animaux d'un état à un autre, et on concevra de quelle nécessité il peut être de recourir aux combinaisons du croisement, sans secousse toutefois, et en employant à un certain degré, des races restées dans leur état primitif, ou toujours anoblies.

Cette dégénération ne vient donc pas de la substitution, dans les usages et les habitudes, du cheval de trait au cheval de selle; seulement plus les fortes espèces de trait ont pris faveur à cause de la police du roulage, plus grande a été leur part dans le travail général, moindre donc a été proportionnellement la part des autres espèces.

Ce qui arrive à l'appui de ce que je viens de dire, c'est qu'en 1822 le prix moyen du cheval de remonte était de 420 fr. 21 c.; les départements de l'Orne et du Calvados en avaient fourni 3,000 sur les 4,000 nécessaires. En 1821, le Calvados en a même fourni seul 2,400 au prix moyen de 426 fr. 21 c. Eh bien!

en 1826, le prix du cheval de remonte fut forcément augmenté de 50 fr. par tête. Le déficit sur la quantité désirable augmenta d'année en année, et la moitié des sommes destinées aux achats demeurant sans emploi, on fut forcé de s'adresser à l'Allemagne.

Plus tard encore, on baissa la taille d'un pouce et on augmenta le prix de 100 fr. pour toutes les armes. Enfin, des augmentations successives ont porté ce prix à 500 fr. pour la cavalerie légère, et à 750 fr. pour la cavalerie de réserve, encore est-il question d'ajouter de nouveau à ce chiffre.

Sur les 60,415 chevaux que possède le département, on ne trouve ni producteurs, ni juments dignes d'être fécondées. Les résultats obtenus par les étalons de l'administration des haras sont plus concluants, et on est forcé d'avouer, examen fait des chevaux qui ont été présentés aux primes cette année et les précédentes, qu'il y a *peu* ou *pas* de chevaux de service; disons-le franchement, à cinq ans, aucun de ces produits ne sera propre à remplir un service spécial, fût-il seulement de porter un hussard ou de traîner un caisson d'artillerie.

Il serait nécesaire d'être d'accord sur ce point : que l'on ne peut régénérer, par le métissage ou croisement, sans des rapports à peu près analogues : il ne faut pas laisser à la nature trop à faire, car elle ne prodigue ses faveurs que dans des vues d'amélioration, et pour rapprocher les distances et les espèces.

Jusqu'à présent, les propriétaires du département paraissent avoir cru qu'il suffisait de faire saillir une jument par un étalon du gouvernement pour avoir un sujet distingué; à quelque race d'ailleurs qu'appartînt cette jument, on sent en effet qu'avec l'incertitude qui existe sur l'origine des juments de la Marne, il est bien difficile de se livrer à un système raisonné de croisement qui puisse produire quelque résultat. De là naît un mélange d'individus, une confusion de races qui, loin de favoriser la production, en augmente la dégénérescence.

Dans tout croisement judicieux, il ne suffit pas d'avoir le mâle, il faut aussi la femelle, et malheureusement l'un et l'autre nous manquent.

Police du Roulage.

La loi du 7 ventôse an XII, art. 7, dit le gouvernement, modifiera le tarif du poids des voitures et de leurs chargements, porté dans la loi du 29 floréal an X, d'après les expériences faites sur les roues à larges jantes, ordonnées par la présente loi.

Par ordonnance royale du 2 octobre 1844, cette modification a eu lieu.

Ce qu'il faut examiner ici, et ce que nos législateurs n'ont pas considéré, ce sont les avantages que tous les départements doivent trouver dans la suppression d'une loi qui ôte tout espoir de voir un jour notre pays rival de l'Angleterre, quant au cheval léger, et c'est précisément l'espèce qui nous manque; car le chiffre annuel des remontes à faire, tant pour les troupes à cheval que pour la gendarmerie, et les corps des officiers de toutes armes, s'élève à 10,000 environ, et la moyenne des chevaux fournis à l'armée seule a été, depuis 10 ans, de 4,791.

L'ordonnance royale du 2 octobre comme celle du 15 février 1837, a semblé faire quelque chose d'utile en faveur de l'agriculture, puisqu'elle dispense, sur les routes royales et départementales pour la rentrée des récoltes et pour les mener au marché, le laboureur, de l'usage des roues à larges bandes.

Ces dispositions, toutes louables qu'elles puissent être, quant à l'intention, assujétissent néanmoins le propriétaire d'une voiture conduite par deux chevaux et plus, à se servir de roues dont les bandes doivent avoir depuis 11 centimètres jusqu'à 17 et au-dessus, suivant le nombre de chevaux attelés.

Pour une voiture ayant des bandes de 11 centimètres et 7 mètres de charge, il faudra seulement pour la traîner à vide un gros cheval de trait, alors comment le gouvernement peut-il admettre qu'on élèvera des chevaux légers qui lui sont nécessaires, lorsqu'il faut absolument des chevaux de trait pour le roulage?

Cette question est vitale et demande, selon moi, à être traitée d'une manière sérieuse, il faudrait faire quelques sacrifices pour les routes dans l'intérêt de l'élève chevaline, et le département de la Marne, comme les autres, s'occuperait du cheval léger s'il se rattachait plus particulièrement à ses besoins. La loi actuelle est absurde, tranchons le mot, en ce qu'elle impose une largeur de roues en proportion du nombre de chevaux; par exemple : j'ai un gros cheval très-fort, il traînera un poids énorme avec des roues à jantes étroites, il détériorera la route à plaisir; mon voisin, laboureur pauvre, a deux chevaux petits et légers, il ne pourra sortir sur les routes royales et départementales qu'avec de larges roues, et à peine si ses deux chevaux pourront traîner à vide l'équipage qu'il aura été obligé de faire confectionner à grands frais. Pourquoi n'achète-t-il pas un gros cheval fort, dira-t-on, au lieu de deux petits chevaux? Pourquoi? C'est qu'il peut diviser son travail avec deux chevaux, son fils menant l'un, et lui, l'autre, avantage inappréciable dans la petite culture !

Le cheval léger manque généralement en France, c'est l'Allemagne qui est en possession de remonter notre cavalerie légère avec ses rebuts, comme cela s'est vu à plusieurs reprises, en dernier lieu en 1840, où des marchés ruineux et scandaleux de mauvais chevaux étrangers ont été passés par le ministre de la guerre de cette époque. Comment l'Allemagne a-t-elle tant de chevaux légers? c'est que l'usage du chariot est presque général. Dans ce mode d'attelage, on n'a plus besoin d'énormes chevaux de timon *qui ne sont bons qu'à tirer*, et dont le service est *strictement* borné à cet emploi, même en temps de guerre.

L'usage du chariot soit à timon, soit à brancard, n'use pas les chevaux sur les épaules et sur les reins, aussi vite que la charrette. Les chariots permettent au cheval d'être attelé plus tard et dételé plus tôt en chargeant ou déchargeant plus vite; la charge est moins secouée par suite de l'élasticité et de la longueur du bois du chariot, enfin la route est moins fatiguée du contact à poids égal, puisque la charge est répartie sur *quatre* points au lieu de l'être sur deux seulement.

Pour l'éducation du jeune cheval, la voiture à quatre roues à timon est, sans contredit, le moyen le plus simple, le plus généralement adopté par l'Angleterre et l'Allemagne; à cause de l'état actuel de la législation, un éleveur n'a pas le droit de mettre ses jeunes animaux en nombre plus que suffisant à une charrette ou chariot, sous peine de procès :

La loi voulant que la voiture soit chargée autant que possible et traînée par le moins de chevaux possible : comment élever des chevaux légers ou de cavalerie sous l'influence d'une telle législation?

Ce système, du reste, est basé sur la force probable de la roue. La loi admet un essieu si fort qu'on le veut, pourvu que la jante soit étroite, et le cheval assez vigoureux pour tirer et porter la charge, c'est autorisé à labourer la route royale et départementale avec des roues de six centimètres; car la loi a bien fixé un maximum de charge pour les voitures et par saison, mais les moyens de contrôle sont rares et fort dispendieux, puisque les recettes de l'administration ne peuvent même suffire pour payer les employés.

Deux chevaux légers attelés à un chariot ne portant pas plus, *au dire de la loi*, que la charrette, sont formellement exclus de la grande route, malgré les avantages mentionnés ci-dessus; de là des frais énormes pour l'agriculture.

La loi semble avoir été faite dans l'intérêt des forges.

Le système proposé par moi paraîtrait au premier abord s'éloigner de la question, il n'en est rien cependant, puisque le retour à l'espèce légère après un certain laps de temps, dépendra en partie ou d'une modification, ou de la suppression de la loi sur la police du roulage.

Je prends un carré d'essieu pour base du poids que porte la voiture à un cheval, mais il ne sera pas défendu d'en mettre deux; ce même carré d'essieu appliqué à un chariot, permettra d'atteler deux chevaux avec poids double, puisque la route n'en est pas plus fatiguée, chaque roue étant toujours chargée comme avec la charrette.

Tout essieu porterait un contrôle (à l'extrémité de

la fusée) d'une vérification facile. De cette manière, les chariots étant favorisés, l'élève des chevaux légers reprendrait le dessus, et les remontes présenteraient moins de difficultés.

Une fois la force de l'essieu constatée, la gendarmerie devrait laisser circuler autant de chevaux attelés à une voiture que son propriétaire voudrait en mettre, puisque s'il a chargé trop fort, son essieu doit se rompre.

Il est certain que des expériences exactes seraient beaucoup plus faciles à faire sur le cas de rupture d'essieu, que sur le cas de rupture d'une roue, s'il y a surcharge.

Les conséquences de l'application de mon système mis en usage immédiatement, au moyen d'une pénalité énergique, doivent être de changer la valeur d'un cheval de trait ; tous ceux qui emploient ce dernier seraient évidemment obligés de le donner à vil prix, ou forcés d'élever un genre de cheval plus en harmonie avec une voiture légère.

Il n'est personne, s'étant occupé de cette industrie, qui ne sache très-bien si elle s'est rendu compte exactement de ses déboursés, qu'il n'est pas possible d'élever un cheval avec bénéfice sans le faire travailler de bonne heure. Ce travail, blâmé par certains de nos hommes pratiques, et par moi le premier, le serait bien moins, si le poulain pouvait recevoir, comme en Angleterre, où on l'emploie très-jeune, une éducation physique proportionnée à son âge et à ses forces. Effectivement, est-il possible d'atteler un poulain de 30 mois à une voiture confectionnée en vertu de l'ordonnance du 2 octobre 1844? Dans les pays où règne l'amour du cheval, on voit le cultivateur mettre quatre chevaux à un chariot pour rentrer ses récoltes, lorsque deux seulement suffiraient; c'est l'unique moyen de dresser facilement un poulain sans le fatiguer, en l'attelant avec de vieux chevaux pour faire nombre, et pour le promener.

DE L'AMOUR DU CHEVAL ET DE L'ÉQUITATION.

Les propriétaires qui connaissent comme moi l'état de notre département, qui ont vu et exploré nos campagnes, savent que pour les deux tiers au moins, notre population chevaline est tombée au dernier degré d'abâtardissement, et que le prix moyen de nos chétives espèces ne dépasse pas 250 fr.; ils savent aussi, ces mêmes propriétaires, que la plupart de nos récompenses n'ont aucune portée, que l'action du gouvernement et des sociétés agricoles a été nulle, complètement nulle, parce qu'il nous manque ce feu sacré, cet amour du cheval qui deviennent la base de toute production et de toute éducation hippique.

Rendons donc ici justice à ceux qui ont fait des efforts pour pousser à l'élève des chevaux, efforts stériles, superflus! les moyens d'action manquaient, l'intérêt pécuniaire, le premier mobile, et l'amour du cheval ensuite.

Qu'est-ce que l'amour du cheval? c'est ce qu'on éprouve dans d'autres pays que le nôtre pour ce noble animal. L'Arabe près de son coursier, le Tartare près de sa jument qui le nourrit, sont deux modèles qu'il nous faudrait suivre; là, il devient le compagnon de leurs travaux et de leurs loisirs; là, il est accoutumé aux soins les plus doux, il fait partie, pour ainsi dire, de la famille; jamais de mauvais traitements, jamais de privation de nourriture; enfin, il est soumis par des populations non civilisées, disons-le à notre honte, à un tout autre régime hygiénique que dans le nôtre.

Il faudrait, avant de commencer à se livrer à l'élève des chevaux, accomplir à leur égard une œuvre de réhabilitation; ce serait une mission louable que d'étendre sur nos espèces chétives et misérables d'aujourd'hui une action régénératrice. Mais pour obtenir ce résultat, il faut aimer le cheval, l'aimer dans l'acception propre du mot, l'entourer de soins, ne plus le frapper quand il ne peut traîner son fardeau, le panser quand il est blessé, lui donner *à manger quand il a faim, à boire quand il a soif*; c'est ici le cas de dire, que le cheval doit digérer en deux heures tous les aliments introduits dans son estomac; la digestion s'exécute très-vite dans tous les animaux qui, comme lui, n'ont pas de vésicule biliaire, et chez lesquels la bile nécessaire à la digestion est versée immédiatement du foie dans l'estomac par les canaux hépatique, cistique et colédoque. Des faits bien avérés prouvent, par l'anatomie comparée, que plus la bile est abondante, et plus l'insertion qui la verse se fait près de l'estomac, plus la digestion est rapide. On ne peut s'empêcher de déplorer les souffrances que lui causent des soins mal entendus dans le régime alimentaire; souvent témoins des mauvais traitements qui lui sont infligés, qui de nous n'a détourné la vue, surtout à Paris, et n'a pas remarqué comme une vérité un ancien adage qui doit avoir ici son application :

« *C'est sur le sol français que les chevaux trouvent leur enfer.*

L'équitation, autrefois en honneur, autrefois une science et un art, se rattache plus qu'on ne le croit aux idées que je viens d'émettre sur l'amour du cheval; point de bon cavalier possible, s'il n'aime sa monture, s'il ne lui donne ou ne lui fait donner des soins avant de s'être occupé de lui-même. Antérieurement à 1789, il n'y avait pas de routes, les voitures publiques faisaient 15 lieues par jour et s'arrêtaient pour coucher; la France sillonnée de chemins de traverses impraticables, n'offrait d'autre moyen de communication à ses habitants pendant six mois de l'année pour voyager, que le cheval de selle. On savait à cette époque, par l'obligation où l'on était de s'en servir, ce que c'était que le *cheval*, ce que c'était que *l'équitation*, considérée sous les rapports et les principes en usage sous Louis XIII. N'est-il pas inouï que de nos jours *Baucher*, pour avoir voulu ressusciter les anciens principes de l'équitation, et en avoir voulu faire l'application dans les écoles et en public, ait été stigmatisé, comme ayant donné une exhibition du cheval savant et un spécimen de l'exagération équestre. Aujourd'hui que tout ceci est considéré comme puéril, ou comme étude de fantaisie, que les routes sont devenues superbes, que des chemins de fer nous transportent plus vite que le cheval, l'équitation regardée au point de vue d'une science et d'un art, n'existe plus, et ne peut exister, si ce n'est pour ceux qui professent encore le culte du vrai et du beau.

Maintenant il suffit à celui qui n'a aucune notion hippiatrique, de grimper sur un cheval, et de garder l'équilibre résultant de l'habitude; la force musculaire et l'intrépidité suffisent. Quel est donc le résultat social qu'il faudra atteindre pour réhabiliter et l'amour du cheval et l'amour de l'équitation perdu dans notre département, comme dans toute la France, depuis 1789? Car ces choses, qu'on ne doit pas désunir, sont indissolublement solidaires l'une de l'autre; ce sera l'objet d'un chapitre spécial et d'un système que j'établirai, servant de base à toute production et à toute conservation de *races;* en somme, les riches ne songent guère à tout ceci, ils se contentent de se servir exclusivement de *chevaux anglais, de cochers anglais, habillés à l'anglaise;* et pourvu que tout cela marche, ils n'en demandent pas davantage.

PATURAGES

Dans le département de la Marne.

D'après M. *Chalette*, le département de la Marne possède 37,700 hectares de prés naturels qui produisent environ 25 millions de bottes de foin de 5 kil. On peut évaluer au moins à la même quantité, et pour la première coupe seulement, le revenu des prairies artificielles, et comme il n'y a que 60,415 chevaux de tout âge, que 510,542 moutons, et 200,390 bêtes à cornes, il est facile de comprendre qu'avec 50 millions de bottes de fourrage, on peut nourrir tous ces bestiaux, en y ajoutant toutefois la paille, aliment inerte dans notre contrée, qui entre malheureusement pour moitié dans la nourriture, et les ressources en vert qu'offrent certaines plantes fourragères, telles que vesces, pois, etc. Ce calcul, qui n'est qu'approximatif, ne peut paraître exagéré aux personnes du pays qui se sont occupées de faire valoir. Ceci établi, il importe aussi de faire connaître que notre foin est d'une qualité médiocre dans quelques-uns de nos arrondissements; il croît sur un sol sec; notre département n'ayant presque pas de montagnes, il y a peu de vallées ou bas-fonds, de sorte que, à peu près partout, le foin est rond et chargé de plantes ombellifères et alliacées. Il peut convenir parfaitement à la nourriture des poulinières et des chevaux d'un certain âge, mais il est de peu de valeur pour les poulains; j'ajouterai, parce que je l'ai expérimenté moi-même pendant dix ans, que le seul aliment véritablement bon dans le département, c'est le regain mangé sur le pré, il produit un effet merveilleux pour la croissance. Heureusement que le poulain ne doit pas trouver sa nourriture seulement dans le foin, elle est aussi dans *le sac à avoine*, comme disent les Anglais, et pour remplacer le foin, il faut se servir de prairies artificielles. J'expliquerai plus tard dans quelle proportion elles doivent être admises, et de quelle manière elles doivent être employées.

Les prairies naturelles, telles qu'elles sont dans le département, ne peuvent donner les mêmes résultats que dans le pays de Caux, relativement à l'industrie chevaline; parce que dans leur état actuel et dans celui de notre culture, nous ne pouvons trouver de bénéfice à élever des chevaux, si, en définitive, nous ne pouvons faire ni de bons ni de beaux élèves à bon marché!

Ces réflexions nous amènent naturellement à dire, que si la décadence de la production chevaline est arrivée dans notre département, on doit l'attribuer principalement au sol. Nous ne pouvons faire qu'il ait la force végétative de celui de la Normandie n'importe avec quel engrais on l'améliore; dans cette province et surtout dans la vallée de la Ryle, les prairies ont une telle vigueur qu'elles conservent journellement, quoique pâturées, 25 à 30 centimètres de hauteur. Elles coûtent fort cher à établir, et il est peu de nous qui consentiraient à faire les premiers frais d'établissement. Voici comment se crée un herbage normand : 50 centimètres de terre environ sont enlevés sur tout le champ qui doit être converti en herbage ; 25 centimètres de pierres sont rapportés, puis la terre végétale remise *par-dessus*. On concevra que les pierres rapportées recueillent l'eau et empêchent le sol de s'affaisser sous le poids des bestiaux.

ACCOUPLEMENT PEU JUDICIEUX.

Avantages et inconvénients du pur sang.

Depuis l'année 1806, les haras sont reconstitués, et toujours ils ont été flottants entre plusieurs systèmes; sous l'empire, ils suivirent une ligne assez rationnelle ; sous la restauration, l'anglomanie survint, et on la vit introduire du pur sang *quand même*, dans toutes les espèces de races. Sans fixité dans les hauts grades, satisfaisant à toutes les exigences de parti, cette administration a vu ses projets aussitôt avortés que formés ; aussi le cheval type qu'elle avait proclamé devoir faire dans toute la France avec le pur sang, et qu'on a créé en Angleterre en bien peu de temps, se trouve-t-il à former.

Dans notre département, toute l'action des haras s'est bornée à presque rien, leur influence était paralysée par les accouplements peu judicieux qu'ils ont été forcés de faire; je dis *forcés*, car toutes les fois qu'un propriétaire arrive avec ses six francs dans sa poche, le palefrenier est obligé de faire saillir.

Il n'existe pas de dépenses plus inutiles, d'encouragements plus mal entendus que de faire saillir une jument sans consulter ses formes et son origine, rien n'est aussi en sens inverse des vues d'amélioration, je dirai même du bon sens.

Pour les juments telles que nous les avons, il ne faut pas procéder *ex abrupto* avec le pur sang, la nature aurait trop à faire pour rapprocher ces distances-là, et nos juments de Vitry et de Ste-Ménehould qui auraient dû produire le *cheval de guerre*, n'ont produit que le *cheval décousu*, avec le pur sang. Les avantages et les inconvénients sont aujourd'hui choses connues pour notre département comme pour toute la France. Partisan de cette espèce, je l'ai toujours employée pendant 10 ans dans les accouplements; avec ce genre de cheval, il faut la jument *améliorée*; dans le département de la Marne, et généralement en France nous savons qu'elle manque. Est-ce donc avec le pur sang que vous retremperez nos espèces? non ; c'est employer l'argent des contribuables en folles dépenses, il faut en rester bien persuadé !

L'administration des haras et les personnes s'occupant de chevaux admettent en principe, que l'on peut arriver à faire (ce qui n'est nullement prouvé pour moi) le cheval étoffé carrossier, avec une jument de trait et du pur sang; du premier croisement, c'est impossible; si la jument produit un mâle, il sera peut-être mieux réussi; quant à la forme, si elle produit une femelle, elle sera légère de membres, décousue, avec un gros corps, parce que toujours les femelles ressemblent plus au père, et les mâles, à la mère. Si le résultat de l'accouplement présente quelques beautés d'un côté, de l'autre il a des parties un peu courtes, avec de trop longues, et comme l'influence de la mère l'emporte pour ce qui concerne la faculté, d'apprendre, les talents et le tempérament, il résulte que l'éducation de ce produit est difficile, les allures sont rarement bien déterminées, et si l'énergie du père existe, le tempérament manque, *et vice versâ.* J'ai vu un poulain de jument de trait et de pur sang marcher l'amble ou le galop, et qui ne voulait pas adopter d'autre allure, malgré le talent d'un homme spécial chargé de le dresser.

Ce qui précède était nécessaire pour établir clairement la situation actuelle des espèces qu'on élève dans le département de la Marne, et ensuite pour offrir les moyens de sortir de la position dans laquelle nous sommes placés, afin d'obtenir une prompte transformation.

Ainsi, dans les cinq arrondissements :

1° La production est nulle, parce qu'en opérant

comme nous le faisons avec du pur sang, il nous faut déjà des juments *améliorées* qui nous manquent ;

2° La loi sur la police du roulage est subversive de toute idée favorable à l'agriculture ; elle tend à substituer le cheval de gros trait au cheval léger, et à maintenir dans toute sa force le règne de la charrette attelée d'un énorme cheval ;

3° L'amour du cheval et de l'équitation n'existe pas ;

4° Nos prairies naturelles sont en général de mauvaise qualité ;

5° Les accouplements sont peu judicieux, l'introduction du pur sang en trop grande quantité qu'on veut faire prédominer dans toutes nos espèces, est certainement une cause de dégénération plutôt que d'amélioration.

C'est donc à ces cinq causes qu'il faut attribuer notre situation, ruine de nos espèces ; car avant la révolution, eu égard à notre population et à notre agriculture, ce qui est plus concluant, nous possédions plus de chevaux qu'aujourd'hui ; selon M. Chalette, nous en avions 38,220, et maintenant le chiffre est de 60,415.

Cette différence, tout d'abord, peut paraître problématique, mais il est bon de démontrer qu'autrefois la Champagne proprement dite n'avait pas d'agriculture, et chacun sait que cette province ne produisait rien de Châlons à Troyes.

Ce chiffre d'augmentation, dans le département,

qui n'est pourtant qu'une diminution, se présente sous un nouvel aspect de vérité par la statistique. Elle nous démontre encore qu'avant 1789, en France, il y avait un cheval pour onze habitants; maintenant il y en a un pour quinze. Si l'on envisage que les moyens de communication sont devenus plus faciles, que l'emploi des machines est plus en usage, et que les canaux et les rivières rendent le transport des marchandises moins coûteux, on demeure étonné que ces motifs n'aient pas rejeté une grande quantité de chevaux dans divers services.

DEUXIÈME PARTIE.

Quelles sont les espèces que la France demande à l'étranger.

La France ne produit pas assez de chevaux, et depuis 1814, nous sommes tributaires de l'étranger. L'Angleterre nous envoie le cheval de luxe, l'Allemagne le cheval de guerre. Le cheval de luxe, c'est celui qu'on voit dans la capitale à nos riches attelages, c'est celui qui, depuis trente ans, a pris possession du pavé de Paris. C'est une espèce distincte avec un certain degré d'harmonie et de perfection dans la conformation extérieure; il possède la force, l'énergie et une vitesse acquise aux dépens de sa souplesse. Dans ma manière de voir, c'est seulement attelé que brille le cheval anglais. D'où nous vient cet engouement pour tout ce qui est anglais? C'est ce qu'il est difficile d'expliquer, à voir notre antipathie nationale; néanmoins, cet engouement existe, et s'il venait à cesser, il pourrait replacer le commerce de chevaux dans la France seule. Le cheval commun, étant le cheval normal en ce moment, deviendrait l'exception, et le cheval de luxe, la règle générale. Forcé de se fournir chez nous, l'homme riche trouverait alors en France ce qu'il lui faudrait.

Les éleveurs, sûrs de placer leurs produits d'une manière avantageuse en faisant du cheval léger, s'adonneraient à ce genre de production, par la certitude d'en tirer un bénéfice.

Une importation annuelle de 18,613 chevaux, tous de selle, puisque les étrangers n'en font pas d'autres, et que nous n'avons besoin que de ceux-ci, prouve qu'il est temps de prendre des mesures pour faire rentrer dans nos bourses le prix de ces 18,613 chevaux, ou 18,613,000 francs au moins.

Loin donc de posséder des ressources suffisantes pour ses remontes, dont la moyenne était, en 1822, de 4,000 (*extrait du Moniteur*), aujourd'hui, de 4,791, la France ne peut encore subvenir aux besoins du luxe; cependant les bénéfices, que l'on pourrait tirer de cette dernière espèce, sont certains. L'homme riche, qui veut avoir un cheval qui lui plaît, n'est-il pas comme la femme qui désire un chiffon que la mode a adopté? il paie et ne marchande pas.

Ainsi les espèces demandées à l'étranger sont :

1° A l'Angleterre, le cheval de pur sang, soit

comme étalon, soit comme cheval de service, seulement pour le luxe;

2° Un autre cheval anglais, avec moins de sang que le premier, pour la moyenne propriété;

3° Au Mecklembourg et au Hanovre, un cheval qui a quelque analogie avec notre cheval normand, auquel on aurait donné du sang anglais; il est même vendu à Paris souvent comme cheval anglais. Cette espèce fait ordinairement un assez mauvais service, elle manque d'énergie, de liberté d'allures, et ne peut remplir le but pour lequel elle a été achetée; ce qui tient nécessairement à son éducation. Dans cette partie de l'Allemagne où l'agriculture est poussée aussi loin qu'en Angleterre, le cheval est élevé avec des légumes cuits et crus, ce qui l'empâte, relâche la fibre musculaire, et le ramollit singulièrement au physique comme au moral;

4° Dans le Holstein, le cheval de remonte, meilleur marché que le cheval français, et plus grand que celui-ci, convient parfaitement pour la grosse cavalerie qui n'a besoin ni de vitesse ni de souplesse dans les mouvements. M. de Turenne, dans sa brochure de 1844, déclare que la gendarmerie et la garde municipale de Paris sont remontées en cette sorte de chevaux pour les 19/20es.

Il faut savoir aussi ce que l'on entend par cheval de remonte. Est-ce tout ce qui n'est pas propre à faire un cheval de luxe? Non, car s'il en était ainsi, l'armée aurait le rebut de la consommation civile, consommation qui, aujourd'hui, laisse encore beaucoup à désirer, et ferait présumer que l'armée est fort mal montée.

Le cheval de *remonte* comprend, selon moi, le train, la cavalerie légère et la grosse cavalerie; voilà trois espèces de chevaux bien distinctes; et pour avoir un bon cheval dans chacune de ces armes spéciales, il existe un choix à faire, hors duquel il n'y a rien qui puisse convenir.

Au train; il faut un cheval qui réunisse à la légèreté et à la souplesse, un avant-main vigoureux, une encolure courte, et une certaine sécheresse d'extrémités.

A la cavalerie légère; donnez-lui le cheval d'Auvergne, léger de membres, sobre, acclimaté déjà; il devient préférable, parce qu'il lui reste encore un mélange de sang oriental que n'a pas le cheval du Holstein.

La cavalerie de réserve ou grosse cavalerie a besoin d'une espèce plus difficile à rencontrer aujourd'hui en France. L'introduction du pur sang *quand même*, qui tend à rapetisser nos races et à les rendre grêles, a changé celle du Merlerault et de la Normandie; autrefois elles étaient suffisamment membrées, étoffées, pour porter un cavalier dont le poids moyen, armes et bagages compris, est au moins de 140 kilos.

Voici le poids de chaque arme spéciale :

Gendarme équipé, poids moyen.	90	» k°ˢ
Mousquet.	3	1/2

Sabre	3	»
Pistolet	2	»
Harnachement et porte-manteau, etc.	25	»
	123	1/2

Cuirassier équipé, poids moyen	95	»
Sabre	4	»
Pistolet	2	»
Harnachement et porte-manteau, etc.	25	»
	126	»

Garde municipale, poids moyen	75	»
Équipement, harnachement, armes, etc.	59	»
	134	»

Carabinier, poids moyen	95	»
Équipement, armes, harnachement, habillements, etc.	59	»
	154	»

Maintenant vous êtes forcés, par l'amoindrissement advenu, d'aller demander aux petits états de l'Allemagne, ce que nous devrions fournir aux cuirassiers, aux carabiniers, à la gendarmerie et à la garde municipale de Paris.

L'administration des haras, du côté de la grosse cavalerie, a aggravé notre position désastreuse, elle s'est faite l'adepte d'un principe tout-à-fait déplorable; elle a remis en doute la question de savoir, si nous avons eu des espèces types; si la Normandie, cette terre classique de l'élève chevaline; si l'Auvergne, le Limousin, qui possédaient au dernier degré des chevaux précieux par leur rusticité, leur agilité, leur courage, ont eu autrefois des races primitives.

Sous l'empire, la France se suffisait à elle-même, en élevant des espèces à elle, c'est donc, selon moi, une pensée malheureuse que celle d'avoir substitué, au sang primitif de ces belles races, le sang anglais en trop grande quantité, car delà vient la nécessité d'aller demander à l'étranger les chevaux que nous n'avons plus.

Quelles sont les espèces que les départements de l'est et certains Etats de l'Allemagne, vont chercher dans les départements de l'ouest.

Le Poitou, la Bretagne et le Boulonnais fournissent beaucoup de poulains à la Normandie; les poulains de lait, ainsi qu'on les appelle, achetés à l'âge de huit à dix mois à la foire de Bayeux, Fécamp et autres villes, sont amenés dans cette dernière province. Pendant un an, on les laisse en liberté dans une vaste cour, plutôt pour les promener que pour paître ; à dix-huit mois on les attèle, et entre quatre et cinq ans, on les revend après les avoir empâtés. Ils ont fourni au propriétaire deux années de travail, qui l'indemnise des premiers frais d'éducation. Le cheval qu'on achète en Normandie est fort peu de son pays ; mais la facilité avec laquelle on l'élève, grâce aux grandes cours normandes de un à deux hectares de superficie, lesquelles sont ordinairement sur un sol ferme et riche, fait que ce genre de spécialité durera encore longtemps. Comme je l'ai dit déjà, il existe cependant des espèces primitives.

Le Boulonnais est un cheval de trait très-court, très-fort, très-membré, sans être boursoufflé, d'un caractère doux ; il sert pour remonter les bateaux et les trains sur le Rhône, lorsqu'il a la taille nécessaire, ou à Paris pour charrier des moëllons ; quand il est moins gros, il devient cheval de trot pour nos diligences et nos postes, car il trotte légèrement malgré sa charpente essentiellement musculaire.

C'est une race dont les Anglais font beaucoup de cas. Je les ai vus obtenir, avec le Boulonnais, des croisements pour arriver au cheval de chasse ; c'est-à-dire, au cheval extrêmement léger d'allures et de mouvements, mais avec une conformation très-matérielle. Les Anglais, plus expérimentés que nous en fait de croisement de toutes les espèces qu'ils possèdent, ont découvert dans le Boulonnais tout un avenir pour créer leur cheval de chasse, ou trotteur. J'ai trouvé en Angleterre des croisements tout-à-fait extraordinaires qu'on aurait crus seulement propres à être attelés à une charrette et pourtant très-légers au trot.

Le Poitou nous fournit le cheval carrossier; mais il n'a pas, comme la Bretagne, les mêmes éléments pour réussir. Ainsi que le Boulonnais, les poulains du Poitou et de la Bretagne arrivent en Normandie à l'âge de six mois, et sont élevés de la manière mentionnée plus haut.

La Saône, le Rhône, nous demandent donc le Boulonnais pour remonter les trains de bois et les pesants fardeaux. Quant aux autres espèces, carrossières, de selle, ou d'attelage léger, non caractérisées, elles sont employées par l'armée, par les postes, les omnibus et par le luxe.

La moyenne des exportations est de 4,469 chevaux; elle ne peut donc entrer dans l'évaluation des ressources militaires et civiles dont la France peut disposer. Ce sont presque tous de jeunes chevaux, et probablement les meilleurs, qui nous sont achetés dans le Poitou, par l'Espagne, pour les croisements avec le baudet ; et par le Piémont, la Lombardie et les provinces Rhénanes, pour le service de trait. En effet, il est à présumer, qu'à l'exception de l'Espagne, le reste des chevaux exportés consiste en chevaux de trait, les seuls que nous ayons à vendre, puisqu'il est prouvé que nos voisins produisent suffisamment de chevaux de selle.

Nous sommes sans rivaux pour le cheval de trait, et les étrangers n'ont rien de comparable au nôtre, lequel se vend à cinq ans, de 1,000 à 1,500 francs dans certaines parties de la France.

L'exubérance de la production des départements de l'ouest, d'abord entre dans la consommation de l'armée qui paie suffisamment cher pour s'en assurer la vente ; le reste ne traverse pas Paris, il est absorbé dans cette grande ville par tous les services qui le réclament.

Enfin pour répondre à la question, je dirai : Les seuls chevaux que les départements de l'est et certains états de l'Allemagne vont chercher dans l'ouest de la France, sont des étalons de trait ou des types de race. Nous n'exportons certainement aucun cheval de selle, et les seuls chevaux demandés par les provinces Rhénanes et l'est de la France, sont des chevaux de trait.

TROISIÈME PARTIE.

Moyen de parvenir à une prompte transformation de l'espèce de chevaux que l'on élève dans le département de la Marne, et de créer celles demandées par le Programme.

J'ai signalé jusqu'à présent les vices administratifs, les inconvénients attachés au système d'éducation, la préférence donnée, par la mode, au cheval anglais, l'abandon dans lequel on laisse nos vieilles races françaises, les défauts de notre loi sur la police du roulage, le peu d'intérêt qu'on prend à tout ce qui a rapport au cheval et à l'équitation, les avantages et les désavantages du pur sang, etc., etc.

J'ai rigoureusement établi les espèces que nous demandions à l'étranger et celles que nous exportions.

J'ai tâché de mettre le doigt sur la plaie en constatant l'état dans lequel se trouve la dégénération de nos anciennes races ; mais ce mémoire serait sans objet, si je n'essayais d'apporter ici une opinion fondée sur les résultats obtenus par dix années de travaux, et d'obvier, selon ma conviction, au mal existant.

EN VOICI L'EXPOSÉ :

Saut gratuit.

L'administration des haras devrait considérer les étalons comme *des sources à chevaux et non à argent* : le propriétaire qui paie le saut, achète nécessairement le droit de choisir l'étalon ; or, que ce choix soit déterminé par un caprice ou un calcul d'économie, ce même propriétaire ne peut qu'être mauvais juge.

Il faut donc admettre absolument le saut gratuit, n'est-ce pas en *chevaux et non en argent* que les étalons de l'Etat doivent rendre les sommes qu'on sacrifie pour eux avec tant de profusion ? eh bien ! je le répète encore, il faut admettre le saut gratuit au moyen d'agents instruits. D'abord pour les juments qui reçoivent les primes du gouvernement ou des comices agricoles ; pour les juments qui, quoique éloignées du concours des primes ou même des courses par une supériorité plus forte, seraient considérées, malgré cela, propres à faire de bonnes poulinières; enfin pour celles qui, étant présentées à jour fixe dans chaque sous-préfecture devant un jury compétent, auraient été jugées dignes de la saillie.

Il serait bon, avant que le gouvernement se déterminât à une pareille mesure, qu'une commission nommée dans chaque département fût chargée de faire connaître l'origine, l'espèce, le nombre des juments propres à la reproduction, afin que l'administration n'envoyât dans chaque dépôt, puis dans chaque station, que des reproducteurs de même espèce que celle que le département possède. Il arrive aujourd'hui que, dans le département de la Marne, il y a des étalons de selle, là où il devrait y avoir des chevaux de trait, *et vice versâ* : l'administration semble entièrement ignorer les besoins des localités. Ce jury serait chargé de remplir une mission toute bénévole ; pris dans le pays, n'ignorant rien de ce qui concernerait les juments et les circonstances de leur origine, mis en rapport avec les propriétaires, il serait à même de voir tout ce qui peut faciliter un bon choix. Classées par espèces, on ne verrait plus de juments tarées, communes, saillies par un cheval arabe ou de pur sang; on ne verrait plus de ces alliances monstrueuses qui n'amènent qu'un produit tellement défectueux, qu'on ne peut s'en servir d'aucune manière. Peut-être m'objectera-t-on qu'il y aurait privilège? non, répondrai-je, il y aurait récompense, encouragement; ayez de belles juments, et vous aurez des saillies pour rien. A cette époque mentionnée cidessus, les produits devront être représentés accompagnant leurs mères, ce qui deviendrait un moyen de contrôle de plus en plus efficace pour juger du mérite de l'accouplement. En effet, n'importe-t-il pas plus qu'on produise peu et bien, que beaucoup et mal? Sans nul doute le nombre des saillies sera diminué pour les étalons, et le système des stations adopté par les haras devra alors être abandonné! Cette diminution dans la quantité des saillies serait à l'avantage des étalons et de la reproduction; moins fatigués dans leur service, prenant un exercice modéré en changeant de temps en temps de place, ces animaux puiseraient, dans les douceurs d'un régime hygiénique, plus approprié à leur position, une nouvelle vigueur. Je puis attester que les étalons saillissent dans certaines stations jusqu'à trois fois par jour. Car il m'est arrivé d'avoir tantôt le saut du matin, tantôt le saut du soir, et *quelquefois* celui du midi. Les étalons, sous un tel régime prolongé pendant trois mois, doivent nécessairement être exténnés de fatigue et inféconds. En admettant le saut gratuit, on fera plus, je pense, en cinq ans dans notre département, que l'administration des haras n'a fait en 25 ans.

Sur les quarante juments saillies par chacun de nos étalons, fort improprement appelés royaux, il n'y en a pas dix qui soient accouplées judicieusement. Nos cultivateurs, en amenant leurs juments à la saillie, ne voient que l'étalon, et ferment les yeux sur le peu de mérite de ces mêmes juments ; ils s'imaginent que dès lors que l'étalon leur est de toutes manières supérieur, ils doivent obtenir un produit aussi beau que lui.

Que d'espérances déçues ! Eclairés par ces inspecteurs instruits et tout-à-fait désintéressés, puisque leurs fonctions ne seraient pas rétribuées, ces cultivateurs sortiraient de leurs habitudes, renonceraient à leurs préjugés, et nos étalons, loin d'être les destructeurs de l'espèce chevaline, en deviendraient les régénérateurs.

Trafic de la Saillie.

Le saut étant gratuit et les éléments de reproduction étant choisis par des gens instruits, les étalons ne devraient plus être abandonnés à des palefreniers ignorants et souvent infidèles. Presque sans surveillance ou sous celle d'un vétérinaire qui ne porte au succès de la station qu'un intérêt borné, ces palefreniers se montrent peu soucieux de leurs devoirs, toujours mauvais juges des accouplements. Il existe quelquefois un trafic de saillies qu'il est bon de signaler, abus révoltant qui tendrait à rendre inutiles tous les efforts du gouvernement. Il arrive que des propriétaires reçoivent une carte de saillie sans faire saillir, et comme il est plus important pour eux d'obtenir 100 ou 150 fr. de prime que d'avoir un poulain qui sera exposé à mille accidents, il est facile de comprendre à travers cette mauvaise foi, quel peu d'importance ils attachent aux résultats de la saillie.

Rechercher la Jument et l'Etalon nécessaires au Département.

La France manque de *chevaux légers* ; le cheval de trait, laissé à l'industrie particulière, est en voie de prospérité, parce qu'en ce moment, c'est le cheval qui nous est le plus utile. L'intérêt étant le grand mobile des actions des hommes, il advient qu'on aura toujours beaucoup de peine à donner une autre direction à ce même intérêt, lequel est basé sur la reproduction de l'espèce de trait qui offre plus de bénéfices que l'espèce légère.

La nature a soumis tous les êtres organisés à des lois dont elle ne peut se départir, elle a dit que dans tout accouplement, le produit qui en résultera ressemblera au père et à la mère. Si donc on se propose de créer, il faut apporter la plus grande attention dans le choix de l'étalon, comme dans celui de la jument; delà l'accouplement judicieux, raisonné, qui ne permet pas plus d'unir le cheval trop petit avec la jument trop grande, que le cheval trop léger avec la mère trop lourde ou trop membrée.

Il existe un système, je le sais, système que j'adoptais entièrement avant les expériences que j'ai faites ; l'administration des haras veut le faire prédominer, c'est celui de l'alliance du pur sang avec le cheval de trait, formes boulonnaises ; de cette union doit naitre, *dit-on*, le cheval de chasse anglais fortement membré qui puise dans le sang du père, l'énergie, dans le sein de la mère, les formes solides qui doivent le rendre un animal propre à toute espèce de service. Dans de telles alliances, sur douze productions, il y en aura une ou deux de bonnes, le reste n'atteindra l'âge de cinq ans que pour être hors de service. La nature a trop de choses à faire; par exception, elle y arrivera; en règle générale, non.

Or donc, tant que l'administration voudra procéder *ex abrupto*, nous ne ferons rien de bon, et de telles dépenses seront en pure perte. Il faut, par des croisements successifs et raisonnés, ramener notre race à un degré plus grand de noblesse pour obtenir du cheval léger, puis après viendra le pur sang qui n'aura pas de peine à réussir, ayant des mères déjà anoblies, et l'on obtiendra successivement et rationnellement ce que l'on veut obtenir de prime abord avec des mères sans distinction d'origine.

Doués d'un esprit constant d'observation, les Anglais, nos modèles en ce genre, n'ont pas procédé ainsi qu'on a voulu le faire depuis 25 ans.

Les produits ressemblant donc toujours au père et à la mère, et très-souvent beaucoup plus à cette dernière, il est essentiel d'avoir de bonnes juments. Il en existe dans l'arrondissement de Vitry et de Ste-Ménehould, et c'est avec elles seules qu'on eût pu se servir du sang à un degré moins élevé. Partout ailleurs cela était inutile. J'en appelle aux souvenirs des amateurs de notre département : Les distributions de primes de chaque année, *au plus beau poulain, à la plus belle pouliche*, ont-elles donné de bons résultats?

La jument transmet la taille ; et l'étalon transmet l'énergie, et en général les qualités et les défauts ; ainsi le mulet est le produit du baudet et de la jument ; le bardot, beaucoup plus petit, est le produit du cheval et de l'ânesse. Chez l'un, est la force, le courage, la taille ; chez l'autre, la lymphe abonde, la paresse prédomine dans le caractère. D'où vient cette différence? de la mère seule.

Avec notre espèce de trait, l'unique que nous possédions aujourd'hui ici, il faut bien se convaincre d'une chose, c'est qu'il ne suffit pas, pour obtenir de grands produits, d'avoir de gros étalons bien chargés sur les vertèbres cervicales de muscles graisseux, comme nos cultivateurs les recherchent : gênés dans le bassin pendant la gestation, le produit s'atrophie avant d'avoir vu le jour et succombe plus tard. Ne contrariez pas la nature, vous la trouveriez rebelle ! Pour produire de grands chevaux, grandissez progressivement la jument avec un étalon de taille médiocre ; de même que pour avoir de bons chevaux, il faut introduire le sang dans l'espèce par degré, sans secousse, et en recroisant continuellement par le père toujours de plus noble en plus noble.

C'est dans le département de la Marne la seule manière de créer une espèce légère. Le Comice agricole, animé cependant des meilleures intentions, n'a pas envisagé la reproduction sous le même point de vue que moi. C'est dans le Perche et la Beauce qu'il a été cette année faire ses acquisitions pour en doter les divers arrondissements de notre département.

S'il ne faut pas admettre exclusivement le pur sang suivant le système anglais, il ne faut pas l'exclure entièrement ; et en introduisant des étalons percherons ou de poste, chez nous, on nous replonge dans la position où nous sommes, position au contraire dont il nous faut sortir.

On a toujours cru, et cette opinion s'est généralement répandue parmi les gens peu éclairés sur cette matière, que d'heureuses proportions, que la graisse enfin, était un signe certain de force. Malgré des exemples contraires, cette idée s'est maintenue, et c'est à elle probablement que Messieurs du Comice se sont rattachés en ne donnant d'autre importance au choix de l'étalon que celle qui résultait de la beauté de la forme. Le sang prédomine toujours dans l'œuvre de la génération ; il repousse l'avilissement, et c'est le principe dominant de toute amélioration.

Je me résume, et je dis : que nos étalons doivent avoir un mètre 60 ou 65 centimètres, être d'une origine distinguée, et seulement de 1/2 sang anglais ou de pure race, et saillir gratuitement les juments choisies par un jury.

Suppression des Etalons rouleurs Belges.

C'est ici le cas de parler de cette classe d'individus nomades qui promènent dans nos campagnes ces étalons ignobles, chargés de graisse, et qui font concurrence à l'administration des haras. Plusieurs personnes qui s'occupent de chevaux ont cherché, mais en vain, soit dans la législation, soit de toute autre manière, un moyen d'atteindre cette désastreuse industrie.

Ils ont proposé de faire castrer tous les chevaux non capables de régénérer l'espèce ;

D'imposer une amende au propriétaire d'un cheval entier ni approuvé ni autorisé que fera saillir, etc., ce qui existait en 1789 et ce qui ne peut exister aujourd'hui.

Mon système, puisque chacun a le sien, serait de supprimer les stations et de faire voyager les étalons, pour aller, chez les propriétaires désignés par le jury, faire saillir les juments qu'il aurait choisies. Il est certain que si les étalons de l'état voyageaient pour ainsi dire par étapes, ou par *tournées*, ils auraient plus de saillies, car le propriétaire, soit par économie, soit par apathie, refuse de se déplacer, et prend tout d'abord par ignorance ce qui lui est offert.

Je pense aussi que le gouvernement aurait pu mettre une entrave à ces conducteurs d'étalons, en frappant cette industrie d'une manière toute fiscale par une patente élevée.

De l'éducation première, physique et morale, comme moyen de parvenir à une prompte transformation de l'espèce.

J'ai parlé de l'amour du cheval et de l'équitation ; d'après le système que je propose, je veux qu'avant de se livrer à l'élève du cheval, on soit persuadé qu'il n'y a pas d'éducation possible sans posséder ces deux qualités essentielles. C'est à l'éducation première, basée sur ces deux conditions, que le cheval anglais doit une partie de ses avantages, avantages qui dépendent de la nourriture, du régime, des soins, de la nature et de l'habitude du travail toujours proportionné à son âge et à ses facultés.

Education morale.

Dans le tableau que je fais ici des soins qu'on doit donner, j'en excepte le cheval de course entraîné ou plutôt torturé par un régime surexcitant, auquel la plupart du temps il succombe, car pour un qui résiste aux épreuves, dix sont retirés écloppés.

Ce genre d'éducation n'a rien de bien en soi : c'est une carte placée sur un tapis vert, c'est une question de jeu que le *cheval de course*. Est-ce de l'anglomanie? (je le crois). Est-ce dans l'intérêt de l'amélioration des races? Voilà la grande question. Depuis que les courses sont devenues en Angleterre, comme en France, un monopole exploité par les gens riches, la haute fashion (et cela ne peut pas être autrement,) il n'y a plus rien qui puisse me persuader que les épreuves qu'on fait subir au cheval de course pour savoir s'il arrivera le premier, sont faites dans l'intérêt de l'art. C'est de l'agiotage subventionné par l'état, et voilà tout. N'aurait-il pas mieux valu consacrer tous les millions jetés dans les courses par l'état, le roi et les princes, les villes et les sociétés, etc., à l'acquisition d'étalons pour en doubler le nombre? Nous n'avons pas assez de reproducteurs, et en supposant qu'on adopte mon projet (*les tournées et le saut gratuit*), il faudrait nécessairement l'augmenter de beaucoup. Dans tout état de cause, en portant à 2,000 le nombre de nos étalons qui n'est que de 900, on pourvoirait aux besoins du service actuel d'une manière rationnelle; les étalons seraient moins exténués et plus féconds, je le répète.

Ce que la nature refuse, l'éducation le rectifie ou le modifie, et sans être un homme spécial, on peut, quand on le veut, c'est-à-dire quand on cherche à s'instruire, acquérir les connaissances indispensables pour faire du jeune cheval un animal docile, doux, et sans irritation de caractère.

Un éleveur, qui prend au rebours ou d'une façon brutale les imperfections ou certaines particularités propres à chaque individu, provoque infailliblement chez celui-ci la souffrance, et ensuite une irritation de caractère qui ne permet plus de le gouverner facilement. Ne nous étonnons donc pas au surplus, si, dans cette circonstance, l'homme qui élève cet instrument passif de nos tyranniques volontés, s'abuse quelquefois ou se trompe à son égard ; *les éleveurs* du genre humain se trompent bien aussi vis-à-vis de nous, qui avons la parole et le raisonnement pour nous défendre !

Un poulain élevé doucement, choyé, caressé, est facile à perfectionner : entre les mains d'un bon éleveur, sa valeur augmente, se décuple : lorsqu'il faut le dresser, ses forces et son intelligence étant plus développées, il nous fera toujours un meilleur service que celui qui n'a reçu dans son jeune âge que coups et mauvais traitements.

Une éducation physique en harmonie avec ce que je viens de dire n'est pas moins nécessaire qu'une éducation morale. C'est donc au défaut de soins qu'il faut attribuer, nous n'en saurions douter, le peu de succès que nous obtenons dans la Marne, et la difficulté qu'on éprouve à se procurer un beau et bon cheval. Pour se mettre en rapport avec les Maires des communes, l'Officier de remonte accompagnant M. le Sous-Préfet en tournée de révision, m'a fait l'aveu qu'il n'avait acheté que deux chevaux dans l'arrondissement de Vitry, cette année.

Ainsi le département de la Marne n'a fourni pour l'armée que deux chevaux en 1845!!

Education physique.

Les poulains naissent ordinairement dans les mois de février, mars et avril. Cette époque est la plus avantageuse pour ces jeunes animaux, parce qu'ils ont deux étés pour un hiver. La chaleur leur est aussi indispensable qu'une nourriture abondante ; on facilite la circulation du sang par elle, on aide à la croissance, et cela est tellement essentiel qu'il vaudrait mieux le moins nourrir que de l'exposer au froid.

Certains auteurs disent que le cheval en général, et surtout le léger, tire son origine de l'Orient, ce serait une raison de plus pour lui donner, dans son jeune âge, une chaleur que notre climat ne peut lui offrir. Si les élèves ont été mal nourris et mal soignés dès leur naissance, leur développement n'est pas le même ; c'est donc une sotte économie que celle qui consiste à ne pas leur donner d'avoine aussitôt qu'ils peuvent en manger, seulement à l'âge de deux ans on peut en diminuer la ration. C'est ici le cas de parler d'un préjugé qui existe dans nos campagnes, à savoir, que l'avoine donnée aux poulains leur fait perdre la vue; il est difficile de l'expliquer autrement qu'en disant qu'une affection peut survenir par suite d'une nourriture trop échauffante; mais cette affection devrait se déclarer aussi bien sur toute autre partie du corps que sur les yeux, si elle n'avait pour la combattre le grand exercice que prend le poulain, lorsqu'il sort de l'écurie et qu'il est en liberté.

La propreté des écuries est d'une nécessité absolue, tant pour ce qui concerne le sol que pour les mangeoires et les râteliers; il y a là encore une autre erreur grossière à signaler, dans laquelle les habitants de nos campagnes ont grande confiance; c'est de laisser séjourner les toiles d'araignées pour attraper les mouches, et le fumier pour entretenir, par sa fermentation, une chaleur constante.

Raspail, un des savants de cette époque, dans son histoire naturelle de la santé, vol. I, page 336, donne à cet égard à l'habitant des masures, au vétérinaire, des avis frappés au coin de la science et de l'art médical. Il est, dit-il, très-souvent arrivé que des insectes se sont introduits dans les cavités nasales ou buccales des bestiaux; il recommande alors de nettoyer les écuries, d'ôter les araignées, de blanchir les murs et de laver le pavé avec le chlorure, etc.

Que de cas de maladies indéfinissables et dont la cause est ignorée ne proviennent que de la piqûre de l'araignée des caves de grosse taille, etc.

De la manière d'élever et de nourrir les poulains dépendent, selon moi, le plus souvent et leur conformation et leurs qualités. C'est donc dans les deux premières années de leur existence qu'ils doivent recevoir la plus forte nourriture, le plus de soins; après cet âge, il est permis de retrancher quelque chose de leurs aliments, mais graduellement, et en supposant qu'ils ne puissent perdre ni leur embonpoint, ni leur vivacité. Après cette époque, commence le dressage des jeunes chevaux qu'il faut approprier à leur espèce. Ceci dépasse les bornes de cet écrit, et je n'en parlerai que pour répéter, qu'il faut de bonne heure employer le chariot à deux chevaux et à timon pour les rendre doux et familiers, leur parler, les accoutumer au pansement, leur laver les pieds, etc., etc. On éprouvera toujours des difficultés par les mauvais traitements, et ceux qu'on se croit forcé d'employer pour les réduire à l'obéissance seront pour l'avenir la cause de graves accidents.

De la nourriture de prairies artificielles et en vert comme base du régime alimentaire.

C'est par ma propre expérience que je suis arrivé à acquérir la certitude que la nourriture donnée en vert à l'écurie avec du trèfle ou de la luzerne, est celle qui convient le mieux et la plus économique. Ce régime laxatif et rafraîchissant fait éviter beaucoup de maladies, et modère ou retarde l'intensité de la gourme.

Il faut absolument y adjoindre toujours une grande quantité d'avoine; et dès qu'un poulain est sevré, jusqu'à l'âge d'un an, il doit recevoir avec du vert à discrétion, dix litres d'avoine par jour.

Ce que je dis pourrait effrayer quelques propriétaires qui ne donnent que fort peu d'avoine à la mère, et rien au poulain; avec mon système, au contraire, la mère doit ne pas en avoir, ne pas travailler pendant qu'elle nourrit, et le poulain, je le répète, recevoir dix litres d'avoine par jour, et du vert à discrétion, tant que la saison le permet. C'est dans la première année qu'il prend la plus grande partie de sa croissance, c'est par cette raison qu'il faut seconder la nature en ajoutant à ses efforts toute la *force* de nourriture possible. Il ne faut pas craindre la météorisation, parce que tout éleveur doit avoir, et surtout pour la première année, une cour fermée, celle où se trouve le fumier par exemple, dans laquelle il lâchera son jeune élève au moins deux heures et au moins deux fois par jour. S'il en a plusieurs, il ne pourra les faire sortir ensemble s'ils ne sont du même sexe et d'un âge différent. On conçoit que l'animal puise dans l'exercice qu'il prend, dans les gambades et les sauts de son âge un moyen puissant de digestion.

Toute crainte de météorisation est donc chimérique.

J'ai déjà parlé des prairies naturelles du département, et j'ai dit qu'il était impossible d'élever des chevaux avec le vert de pré composé en partie de plantes qui ne leur conviennent pas. J'ai tenté quelques essais à cet égard, soit en leur donnant à manger à l'écurie, soit en pâturages; ni l'un ni l'autre moyen ne conviennent par bien des raisons : la première et la plus concluante c'est que cela coûte trop cher; le revenu de 50 ares de pré et de 50 ares de luzerne n'est pas le même; 50 ares de pré naturel représentent un capital, dans certains arrondissements, deux fois plus fort que le capital représenté par 50 ares de pré artificiel; il est constant qu'on peut élever, d'après cela, à moitié meilleur marché avec la prairie artificielle qu'avec du pré naturel.

Dans le pacage en liberté, la moitié de l'herbe est détruite sans aucun fruit par le piétinement, surtout si l'animal est tourmenté par les insectes; une autre partie meurt sur pied parce qu'il la rejette; de là l'introduction, dans divers endroits de la Normandie, de bêtes à cornes aux pacages des chevaux : inconvénient, selon moi, bien autrement grave qui nécessite l'emploi d'un gardien, et qui suppose des herbages établis sur une vaste échelle. Le seul moment où les poulains et les poulinières peuvent être mis au vert dans un pré naturel, c'est en octobre et même jusqu'en novembre, selon le temps; à ce moment, ils ne sont plus harcelés par les insectes, ils peuvent tranquillement paître, et comme en définitive, le regain de pré est de peu de valeur et d'une récolte difficile, surtout dans les années pluvienses, la dépense ne signifie rien, et vous avez l'énorme avantage d'entretenir vos élèves au vert plus longtemps, puisque les prairies artificielles n'existent plus. Le regain de pré, en dernière analyse, leur convient parfaitement.

Notre département possède en ce moment suffisamment de prairies artificielles et de prés naturels pour nourrir tous les herbivores qu'il contient; et c'est une remarque incontestable de laquelle découle l'hypothèse : que nous pouvons élever des chevaux sans avoir recours à nos voisins pour aucun des divers aliments qui composent leur nourriture, partout où ces mêmes prairies artificielles et naturelles pourront exister. La paille, pour les chevaux du département, ne doit pas entrer dans leur nourriture, elle n'est pas d'assez bonne qualité. Les pays qui nous ont fourni nos types de race et qui jouissent encore à juste titre d'une réputation méritée, récoltent fort peu de paille, parce qu'elle reste sur le terrain comme non valeur.

Dans le midi et surtout en Espagne, la paille est bonne; c'est probablement de ces contrées que nous vient ce vieil adage, *cheval de paille, cheval de bataille*; dans les nôtres, au contraire, elle est creuse et molle, tandis que dans certains pays chauds, la tige est remplie d'une sorte de moëlle sucrée qui la rend *plus nutritive*. Dans la Marne, je repousse cet aliment comme non convenable pour le cheval, si ce n'est pour lui imposer un régime diététique; autant vaudrait lui donner de la sciure de bois.

Les Anglais ne s'en servent que pour litière; c'est à une sage application de leurs principes que nous arriverons à nous créer des races d'animaux supérieures. Non seulement ils ont étudié avec soin l'influence de telle ou telle nourriture sur chaque espèce; mais encore ils ont su la faire concourir aux succès des croisements qu'ils ont entrepris. Ainsi ils ont d'excellents chevaux, des bêtes à cornes superbes, des bêtes à laine dont toute l'Europe recherche les espèces, jusqu'aux porcs, l'aliment du pauvre : rien n'a résisté à leurs constants et laborieux travaux.

C'est donc avec raison que nous devons considérer la nourriture au vert de prairies artificielles comme base du régime alimentaire; aussi, l'établissement de prairies artificielles est-il une des choses qui méritent le plus de fixer l'attention de tout homme qui veut élever.

Conclusion.

La tâche que je m'étais imposée est remplie, c'est à la société d'agriculture, disposant de ses moyens d'action, à remplir la sienne, si elle trouve quelque chose de bon dans ce mémoire.

Dans la première partie, j'ai établi la situation actuelle de l'espèce chevaline dans le département, en me servant de mon expérience et des faibles connaissances qu'elle m'a forcé d'acquérir.

J'ai dit combien la loi sur la police du roulage

est en opposition directe avec l'élève du cheval léger, de plus en plus utile à nos services publics, puisqu'il manque à nos remontes pour la moitié, et au luxe qui va demander à l'Angleterre et à l'Allemagne ceux dont il a besoin.

L'amour du cheval et de l'équitation que nous n'avons pas, selon moi, sont deux motifs suffisants pour faire croire que nous avons peu de goût et peu d'intérêt à nous livrer à une industrie que certaines personnes ont qualifié d'insensée. En effet, M. de Dombasle écrivait il y a douze ans, dans ses *Annales*, que le cheval de selle *était le moins utile de tous, et celui dont la France a le moins besoin.*

J'ai prouvé par la statistique que nos revenus en fourrages surpassant notre consommation, nous pouvions, en les convertissant en élève de chevaux, y trouver quelques avantages, et qu'en cela nous agirions conformément aux lois de l'agriculture nouvelle, qui doit trouver tous ses bénéfices, non dans la vente de ses fourrages, mais dans la vente de ses bestiaux.

En parlant des accouplements actuels, j'ai traité la question de pur sang avec ses avantages et ses inconvénients.

Dans la deuxième partie, après avoir établi précédemment pourquoi la situation actuelle nous avait réduits à une position aussi en dehors de nos besoins et aussi déplorable; j'ai essayé, en me conformant au programme, d'esquisser rapidement et dans des limites que ne peut dépasser un simple mémoire :

1° Quelles sont les espèces que la France demande à l'étranger?

2° Quelles sont les espèces que les départements de l'est et certains états de l'Allemagne vont chercher dans les départements de l'ouest? questions d'autant plus faciles à résoudre que le cheval de selle ou d'attelage de luxe, étant le seul qui nous manque, c'est uniquement celui-là que nous allons chercher au-dehors. Puis enfin ce ne peut être que des chevaux de trait que l'Allemagne nous emprunte, puisque nous n'en avons pas d'autres à exporter.

Dans la troisième partie, après avoir mis au grand jour tout ce qu'a de périlleux notre situation présente, il fallait indiquer un remède à cette plaie qui nous afflige, aussi ai-je tenté de fournir les moyens de parvenir à une prompte transformation de l'espèce.

Les voici :

Augmentation des étalons de l'Etat, qu'on devrait porter au nombre de 2,000 au lieu de 900.

Saillie gratuite seulement pour les juments qui peuvent ou qui doivent améliorer l'espèce, et proposées par un jury ou par des hommes spéciaux.

Plus de stations d'étalons, remplacées par des *tournées* fixées et annoncées à l'avance pour supprimer le trafic de la saillie, les étalons rouleurs belges, et donner aux propriétaires les moyens de faire saillir plus économiquement et plus facilement.

Rechercher la *jument* et l'*étalon* nécessaires, et n'admettre *du sang* pour ce dernier qu'autant que la femelle serait *suffisamment anoblie*.

Education physique et morale première, comme résultat de l'amour du cheval et de l'équitation, et comme moyen nécessaire pour parvenir, par des soins et de la bonne nourriture, à la prompte transformation de l'espèce.

De la nourriture en vert de prairies artificielles, soit trèfle ou luzerne, regardée comme la base du régime alimentaire pour faire de bons chevaux à bon marché, de les faire grands et forts par la quantité et la qualité des aliments.

Ces précédentes questions sont sérieuses, et doivent préoccuper le gouvernement et les chambres. Si la France ne produit pas pour les exigences de la paix, si le département de la Marne ne fournit pas, comme bien d'autres, son contingent à l'Etat et au luxe, si notre situation s'est aggravée depuis 1814, par l'absence de vues homogènes et d'une constante direction, il faut alors en changer; il faut qu'une action sage, persévérante vienne y mettre fin.

Il y a douze ans que, dans un journal, j'ai publié à peu près les mêmes idées qu'aujourd'hui pour les avoir expérimentées; mais elles attaquaient des intérêts, mais elles froissaient des susceptibilités qui ne veulent pas faire l'aveu de leurs fautes. C'est tout un système nouveau qui n'a rien de bien effrayant, quant à l'établissement premier, et qui aurait au moins le mérite de transformer notre position qui nous met à la merci des étrangers, en cas de guerre.

Epernay, Imp. de V. FIEVET.

www.ingramcontent.com/pod-product-compliance
Ingram Content Group UK Ltd.
Pitfield, Milton Keynes, MK11 3LW, UK
UKHW021504260726
13993UKWH00004B/1553